小小夢想家
貼紙遊戲書
廚師 和 烘焙師

新雅文化事業有限公司
www.sunya.com.hk

小小夢想家貼紙遊戲書

廚師和烘焙師

編　　寫：新雅編輯室
封面插圖：蒝生圭、郭中文
內文插圖：陳焯嘉、郭中文
責任編輯：劉慧燕、王一帆
美術設計：李成宇
出　　版：新雅文化事業有限公司
　　　　　香港英皇道 499 號北角工業大廈 18 樓
　　　　　電話：(852) 2138 7998
　　　　　傳真：(852) 2597 4003
　　　　　網址：http://www.sunya.com.hk
　　　　　電郵：marketing@sunya.com.hk
發　　行：香港聯合書刊物流有限公司
　　　　　香港荃灣德士古道 220-248 號荃灣工業中心 16 樓
　　　　　電話：(852) 2150 2100
　　　　　傳真：(852) 2407 3062
　　　　　電郵：info@suplogistics.com.hk
印　　刷：中華商務彩色印刷有限公司
　　　　　香港新界大埔汀麗路 36 號
版　　次：二〇二四年二月初版

ISBN: 978-962-08-8298-2
© 2015, 2024 Sun Ya Publications (HK) Ltd.
18/F, North Point Industrial Building, 499 King's Road, Hong Kong
Published in Hong Kong SAR, China
Printed in China

小小夢想家，你好！我是廚師。你想知道我的工作是怎樣的嗎？請你玩玩後面的小遊戲，便會知道了。

廚師
小檔案

工作地點：餐廳

主要職責：烹飪美味菜餚

性格特點：喜歡美食，精通烹飪食物的不同方法

烘焙師
小檔案

工作地點：麵包店

主要職責：製作麵包蛋糕

性格特點：熱愛烘焙，熟悉各種烘焙原料的特點

小小夢想家，你好！我是烘焙師。你想知道我的工作是怎樣的嗎？請你玩玩後面的小遊戲，便會知道了。

廚師上班了

　　廚師準備上班了，在到餐廳前，他先要到一個地方，你知道是哪兒嗎？請從貼紙頁中選出貼紙貼在下面適當位置。

不少廚師都會親自到市場上選購食材，以確保食材質素。

食材分類

　　廚師買完食材了，他想把食材分類放好。小朋友，請把食材貼紙按種類分別貼在下面的櫃子或雪櫃內。

蔬菜類

水果類

肉類

廚師的工具

廚師工作時需要使用很多不同的工具。下面左邊的食材要用什麼工具才能變成右邊的模樣？請把適當的工具貼紙貼在空格內。

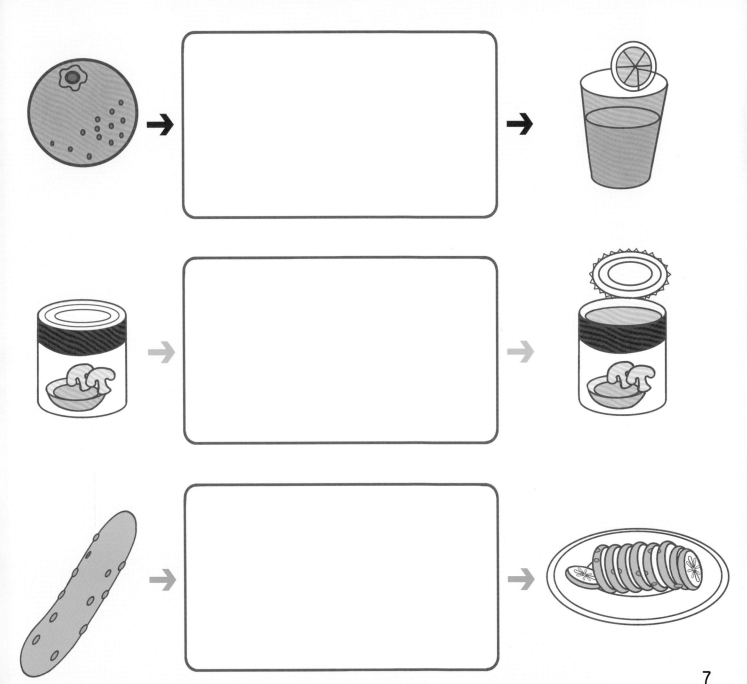

7

切東西

很多食材都需要先切好，再烹調。小朋友，請你按下面廚師的指示畫線把各點連起來，切好食材吧！

做得好！

請按數字 1-10 順序連線，把青椒切好。

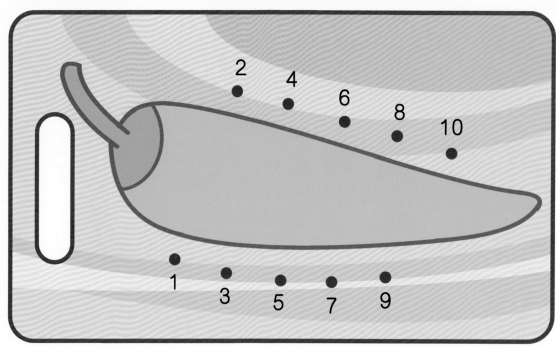

請將相應的大小楷英文字母連起來，把香腸切好。

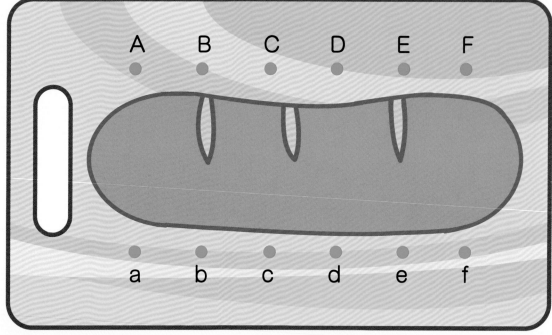

8

做薄餅

　　小朋友，廚師在製作一個薄餅，請你幫忙把材料放在薄餅上，製成一個最美味的薄餅吧！

做得好！

設計餐單

廚師有時還要負責設計餐單呢！小朋友，你能幫忙設計 3 款餐單嗎？請把食品貼紙貼在下面的餐牌上。

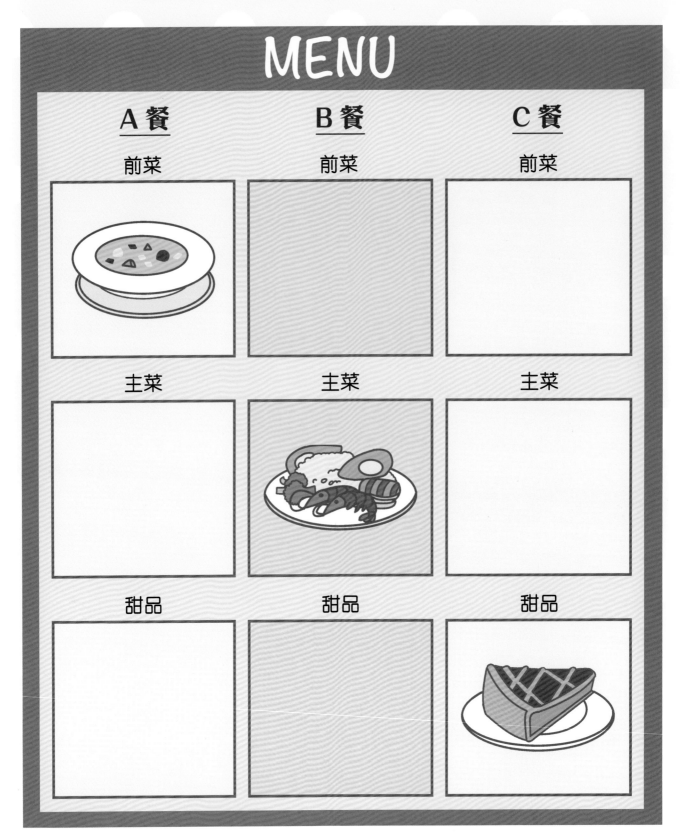

不同國家的菜式

不同國家都有自己特色的菜式。小朋友，看看下面的食物，你知道它們是哪個國家的特色菜式嗎？請用線把它們和相應的國旗連起來。

做得好！

1.

A.

法國

2.

B.

中國

3.

C.

德國

4.

D.

日本

11

在餐廳裏

有一家人來餐廳吃大餐，請你為他們上菜吧！從貼紙頁中選出食物和飲品貼紙貼在下面適當位置。

做得好！

烘焙師上班了

烘焙師準備在麵包店開始工作，她需要將剛出爐的麵包分類放好。小朋友，請把麵包貼紙分類貼在對應的格子。

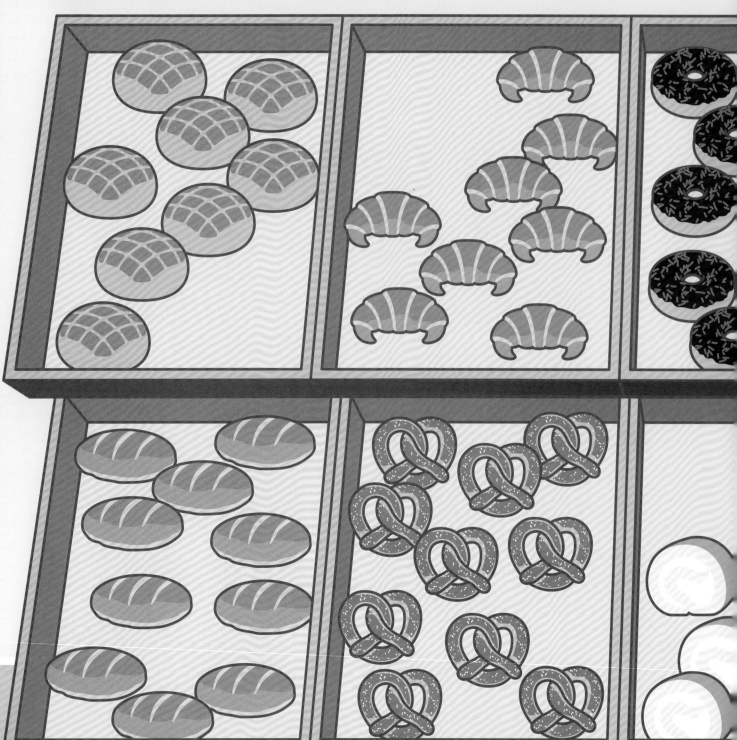

製作麵包（一）

　　做麵糰的時候，需要將不同的材料攪拌均勻。小朋友，請你將稱量好的材料貼紙，貼在下方的攪拌盆中。

麵粉

清水

酵母

鹽

攪拌材料時需要用到工具，烘焙師可以使用下方的哪些工具呢？小朋友，請你把它們圈出來吧！

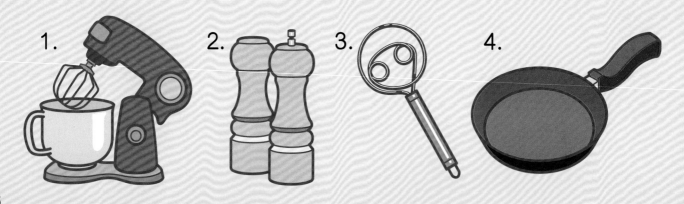

1.

2.

3.

4.

製作麵包（二）

　　小朋友，請你觀察一下麵糰發酵前的樣子，將發酵後的麵糰貼紙貼在對應的容器中。

在酵母菌的作用下，麵糰發酵時會產生大量氣體，體積會變大。

發酵前	發酵後

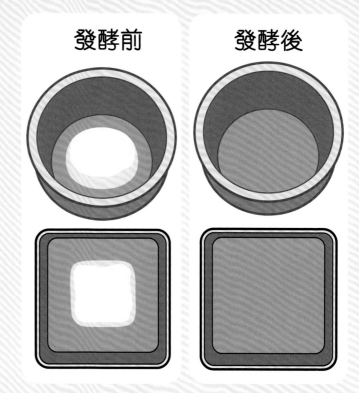

　　烘焙師會用不同的工具和方法給麵糰造型。請觀察烘焙師的動作，把他們做出來的麵包貼紙貼在下方。

1.
2.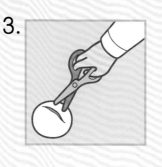
3.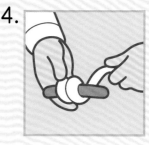
4.

裝飾蛋糕

　　小朋友，烘焙師正在裝飾不同種類的蛋糕，請你發揮創意，給蛋糕裝飾上漂亮的圖案和顏色吧！

食物金字塔

　　飲食均衡對身體健康非常重要！下面是一個食物金字塔，我們一起來看看什麼食物宜多吃，什麼要少吃吧！請你把食物貼紙貼在適當位置，完成食物金字塔。

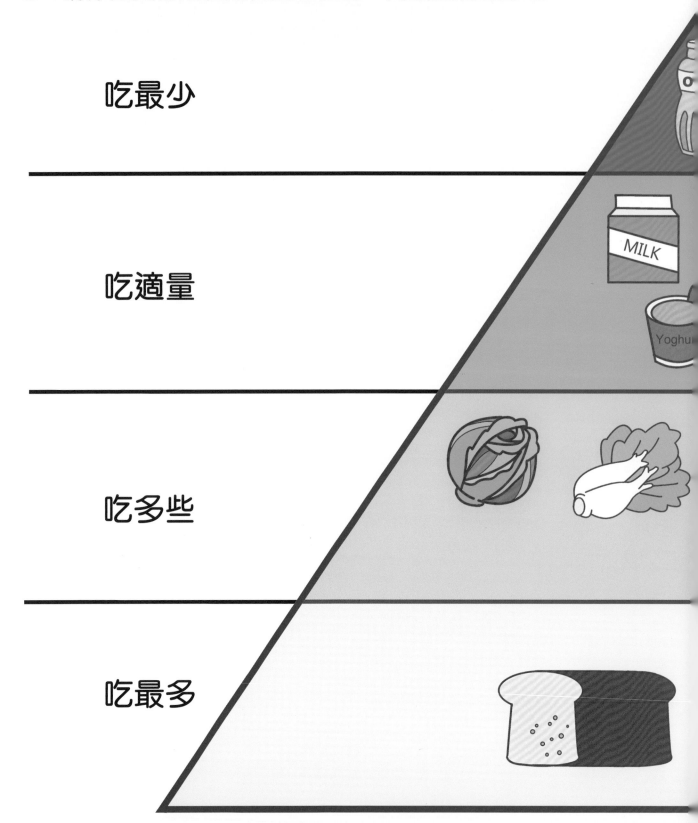

吃最少

吃適量

吃多些

吃最多

廚師和烘焙師要了解不同食物的營養特點，才能為客人炮製出健康的美食。

• 油、鹽、糖

• 奶品類
• 肉、魚、豆類及蛋

• 蔬菜、瓜類
• 水果類

• 五穀類

參考答案

P.6

P.7

P.8

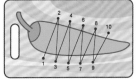 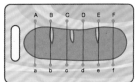

P.11

1. B　2. D　3. A　4. C

P.16

1　3

P.17

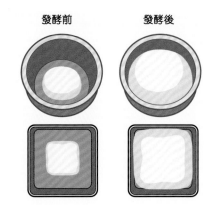

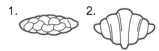

P.20 - P.21

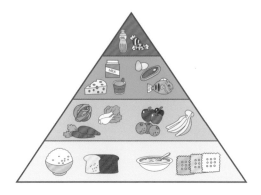

Certificate

恭喜你！

_____（姓名）完成了

小小夢想家貼紙遊戲書：

廚師

和

烘焙師

如果你長大以後也想當廚師或烘焙師，
就要繼續努力學習啊！

祝你夢想成真！

家長簽署：_____

頒發日期：_____